INSTRUMENTS DE PRÉCISION

INSTRUMENTS DE RECHERCHES

A L'USAGE DES LABORATOIRES

APPAREILS DE PROJECTIONS

POUR LA DÉMONSTRATION DANS LES COURS

INSTRUMENTS POUR L'INDUSTRIE

SACCHARIMÈTRES, POLARIMÈTRES

CRISTAUX TAILLÉS

PRISMES, GLACES PLANES ET PARALLÈLES

EXPOSITION UNIVERSELLE DE 1878

Classe 15. Instruments de précision

MÉDAILLE D'OR

Classe 53. Matériel des arts chimiques

MÉDAILLE D'OR

PARIS

LÉON LAURENT

NEVEU ET SUCCESSEUR DE SOLEIL

21, rue de l'Odéon, 21

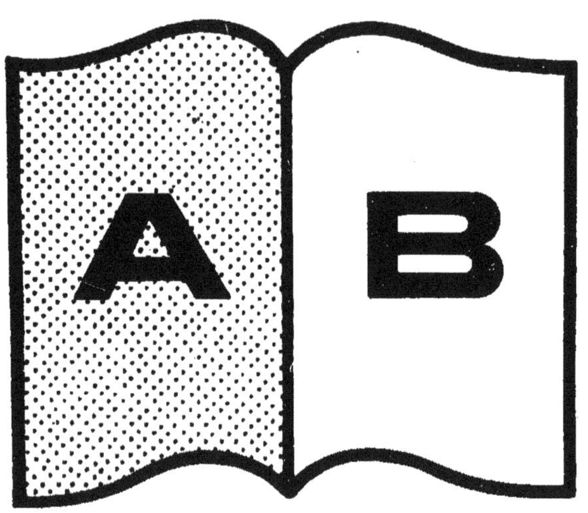
A
B

AVANT-PROPOS

Ce catalogue est divisé en 4 parties :

La *première* partie renferme les appareils qui servent à produire les différentes espèces de lumière, ceux qui servent de bases aux projections, en général, tels que diaphragmes, lentilles, etc.

La *seconde* comprend les appareils qui ont rapport à la réflexion et la réfraction de la lumière, la décomposition et la recomposition, etc. Les appareils de mesure, tels que goniomètres, etc., et quelques appareils spéciaux.

La *troisième* contient les appareils basés sur la polarisation.

La *quatrième* comprend les cristaux taillés.

Les appareils sont groupés d'après leur analogie et les groupes se déduisent les uns des autres, autant que possible. Les principaux accessoires qui se rattachent à un appareil sont indiqués à sa suite ou par des numéros de renvoi.

J'ai écarté les appareils anciens qui n'ont plus raison d'être construits.

Comme compensation, ce catalogue renferme un certain nombre d'appareils nouveaux ou perfectionnés et qui ont déjà subi la sanction de l'expérience. Je citerai, parmi les principaux :

L'appareil à réfraction conique n° 268 ; le saccharimètre ou polarimètre-Laurent n° 323, le microscope polarisant n° 304 ; celui de projection n° 310 ; la lanterne de projection n° 5, etc.

Un certain nombre d'autres appareils sont modifiés par des *détails* qui ont pour but de rendre la *manipulation* plus *rapide*, ou plus *sûre*, etc.

Dans la pratique actuelle, on a souvent un grand nombre de pieds et de colonnes différents. Je me suis attaché à en réduire le nombre par la construction d'un banc en fonte de fer et de supports calibrés, analogues à ce qui existe à la Sorbonne, etc.

Les instruments sont soignés et *réglés* avec la plus scrupuleuse attention, et leurs *prix* aussi *modérés* que possible.

Léon LAURENT.

Septembre 1878.

TABLE DES MATIÈRES

PREMIÈRE PARTIE

DEUXIÈME PARTIE

TROISIÈME PARTIE

QUATRIÈME PARTIE

APPAREILS

POUR

PRODUIRE LES DIFFÉRENTES ESPÈCES DE LUMIÈRE

Lumière solaire.

1. Porte-lumière perfectionné. 210
   Il s'adapte au volet de la chambre noire. Les bonnettes et les instruments se fixent au moyen de taquets comme dans le n° 5.

2. — disposé, en outre, po recevoir le n° 106. 230

3. — disposé pour être manœuvré à une certaine distance. 200
   Il s'emploie avec le n° 4.

4. Platine en cuivre, s'adapte au volet de la chambre noire, est munie de taquets comme le n° 5, et s'emploie avec le n° 3. 30

Lumière électrique.

Nouvelle lanterne de projection par Laurent.

(*Voir la brochure spéciale.*)

Cette lanterne est disposée spécialement pour recevoir le régulateur Serrin, et peut, en outre, recevoir d'autres lampes électriques, ainsi que les chalumeaux pour la lumière Drummond.

Elle porte sur le devant, un système de lentilles éclairantes qui donne un faisceau direct, comme dans les lanternes en usage.

Elle porte aussi, sur le côté, un second système de lentilles qui donne un faisceau perpendiculaire au premier et que l'on ramène à lui être parallèle, au moyen d'un miroir en verre argenté, n° 92.

Les bonnettes ou appareils se fixent au moyen de forts taquets, j'ai ainsi abandonné le système, si incommode, des grands pas de vis, etc.

Un nouveau système d'appareil de projection n° 106, s'adapte, à volonté, sur le devant ou sur le côté. Il sert à projeter des photographies ou des corps placés horizontalement. Il dispense de l'emploi souvent gênant des manches.

Le socle porte des vis à caler.

Il y a plusieurs mouvements nouveaux, pour centrer le point lumineux.

Elle a été achetée par la Sorbonne et a fonctionné pendant tout le cours d'acoustique et d'optique de M. Jamin, de mars à juillet 1877. Elle a été présentée et a fonctionné à la Société de physique, séance générale de Pâques, du 6 avril 1877.

5. La lanterne et ses accessoires coûtent 520

L'ensemble des appareils, en usage, nécessaires pour en tenir lieu coûte. 580

Il y a donc économie sur le prix et en outre plus de facilité et de rapidité dans la manipulation, etc.

6. Bonnette à lentilles éclairantes, séparée. 30

Le tube intérieur a un diamètre de 91^{m}5, calibré comme le n° 139.

7. Lampe régulateur Serrin, modèle pour les Cours. 350

8. Lampe électrique, dans laquelle on approche les charbons, à la main. 120

9. Appareil spécial, pour projeter les raies des métaux. 110

Il évite d'employer les régulateurs dont les mouvements délicats ont toujours à craindre l'effet nuisible des vapeurs métalliques.

ACCESSOIRES

10. Crayons de charbon, pour lumière électrique (environ 10 mètres), le mètre. de 2 à 5

11. Commutateur, à 2 directions ou interrupteur. 25

12. — à 3 directions. 35

13. Creusets de charbon, pour le n° 9. 1 fr. 50

14. Morceaux de différents métaux pour le n° 9, de 4 à 10

15. Pile de Bunsen, de 50 éléments. 300

16. Fil de cuivre rouge, recouvert de gutta-percha, environ 40 mètres, le mètre. 1 fr. 25.

17. Câble à 2 fils conducteurs, isolés, environ 20 mètres, le mètre. 2 fr. 70.

18. Cuvette à amalgamer. 5

19. Une paire de lunettes à verres noirs. 6

Lumière oxhydrique ou Drummond, etc.

On peut employer la Lanterne n° 5.

20. Lanterne usuelle. 250

21. Lampe oxhydrique ou chalumeau donnant un faisceau lumineux. 60

22. — donnant deux faisceaux lumineux perpendiculaires entre eux. 85

23. Bec de gaz, sur colonne à rallonge. 25

24. Brûleur, à lumière jaune mono-chromatique, nouveau modèle, par Laurent. 30

ACCESSOIRES

25. Flacon de bâtons de chaux, taillés, pour les n°s 21 et 22. 4

26. Sac en caoutchouc, recouvert de toile, avec robinet, pour l'oxygène, modèle usuel, de 60 litres. 60

27. — modèle de 100 litres. 90

28. — forme oreiller ou forme soufflet, de différentes grandeurs. de 60 à 150

29. Système de planches à charnières pour comprimer les sacs. 17

30. 2 poids de 20 kil. environ, à 15 fr. 30

31. Tubes de caoutchouc, environ 10 mètres, le mètre. 1 fr. 50.

32. Appareil pour produire l'oxygène. Cornue, brûleur à gaz, flacon laveur. 55

33. Appareil pour produire l'hydrogène. 30

On remplace l'hydrogène le plus souvent par le gaz d'éclairage.

34. Gazomètres à cloche.

Éclairage à la lumière électrique.

On emploie le n° 7 avec les n°s 35, 36 ou 37.

35. Globe pour diffuser la lumière et son support, s'adapte sur le n° 7. 15

36. Réflecteur parabolique, articulé, s'adapte sur le n° 7. 60

37. — sphérique, monté sur un support en bois à jour, possédant plusieurs mouvements de réglage et de centrage. Il sert à supporter le n° 7 et s'emploie pour les éclairages publics. 100

Éclairage à la lumière Drummond.

38. Lanterne en tôle renfermant un chalumeau, avec support articulé permettant d'incliner la lanterne, et verres de couleurs. 125

39. Petite lanterne, à main, avec verres de couleurs. 65

40. Photomètre Foucault, et échelle divisée, fondé sur l'égalité de 2 pénombres, qu'on amène à se toucher au moyen d'un écran mobile. 70

41. — Wheatstone, fondé sur la persistance des impressions lumineuses. 35

42. Photomètres divers.

43. Colorimètre perfectionné, pour mesurer l'intensité relative de la couleur d'un liquide comparé à un type. Sert à mesurer le pouvoir décolorant des noirs animaux. 170

(*Voir la brochure spéciale.*)

APPAREILS ET OBJETS LES PLUS USITÉS POUR LES PROJECTIONS EN GÉNÉRAL

44. Diaphragme à fente, la largeur est variable et la longueur fixe. 30

45. — nouveau modèle, la largeur et la longueur sont variables. 40

46. — à double fente, pour étudier le mélange des couleurs au moyen de 2 prismes. Il se remplace avantageusement par un second diaphragme n° 44 ou 45, ajouté sur le côté de la lanterne n° 5. 45

Cette disposition se prête, en outre, à de nouvelles expériences.

47. Diaphragme à trous circulaires de différents diamètres, modèle usuel. 15

48. — plus complet, avec des trous plus petits et plus grands. 20

49. Grand diaphragme, avec de grands trous. 25

50. Diaphragme à ouvertures diverses, pour montrer que l'image du soleil est toujours ronde. 18

51. — à verre rouge, se remplace par le n° 44 ou 45 devant lequel on met un verre rouge.

52. — à flèche et bande de glace, pour montrer la réfraction à travers les surfaces parallèles. 12

Les n° 44 à 52 entrent dans les n° 5, 6 et 139.

---

53. Lentille bi-convexe de 300m de foyer et de 105m de diamètre, sur pied, modèle usuel. 30

54. Lentilles bi-convexes, de 250m, de 200m, de 150m de foyer. 35

55. Lentilles bi-convexe et bi-concave de 300m de foyer et de 105m de diamètre, entrent dans les n° 5, 6 et 139. à 10 fr. 20

Lentilles plans-convexes, servant d'éclaireurs.

Ces lentilles s'emploient lorsqu'on a à projeter des objets ayant une large surface, il en faut 2. On rentre les lentilles éclairantes n° 6 de la lanterne n° 5, de manière à obtenir un faisceau divergent conique dont la base soit égale au diamètre de la lentille n° 56 (ou 57), le sommet se trouvant à peu près à son foyer principal. On met une 1re lentille plan-convexe à la place voulue pour être éclairée entièrement, et la face convexe tournée vers l'écran; elle donne alors un large faisceau de lumière parallèle, il éclaire l'objet à projeter que l'on place devant la lentille et le plus près possible, on ajoute, à la suite, une 2e lentille, n° 56 (ou 57), la place plane tournée vers l'écran; cette lentille joue le rôle de lentille de champ, elle fait converger les rayons vers la lentille de projection n° 53, dont la place est près du croisement des rayons.

Lentilles servant de condenseurs.

Les lentilles précédentes peuvent se placer, 2 dans une même bonnette ; dans ce cas, elles servent à condenser la lumière sur un point donné.

56. Lentille plan-convexe, diam. 105^{m}, sur pied. Il en faut 2. à 45 fr. 90

57. — — diamètre, 200^{m}, à 80 fr. 160

---

58. 3 couples de lentilles : plan-convexe et plan-concave. Bi-convexe et bi-concave. Périscopique convexe et périscopique concave, montées en cuivre. à 32 fr. 96

59. Support commun. 30

60. Objectif achromatique simple pour projeter les raies du spectre solaire, sur pied. 80

61. Objectifs achromatiques simples de foyers et de diamètres divers.

62. — doubles, servant à projeter des photographies et à divers usages, ils montent dans les n°s 106 et 132. de 30 à 60

63. Support à tablette mobile, le long d'une colonne, pour porter des cuves, des prismes, des appareils, etc. 30

64. Ecran blanc et uni, en forme de store, pour les projections ; de 2 mètres de côté dans une boite, pour le transporter roulé, usuel. 45

65. Ecrans plus grands.

66. Petit écran sur pied, pour mettre près des appareils de projections ou pour tenir à la main. 25

Prix d'ensemble, des appareils et objets indispensables et servant de bases aux principales expériences usuelles.

Pour opérer avec la lumière électrique, seule; nos 5, 7, 10. 11. 15. 16. 17. 18, — 44, 47, 53, 63, 64.
Total. 1450

Pour opérer avec la lumière Drummond, seule; nos 5. 21. 24. 26. 29. 30. 31. 32. — 44. 47. 53. 63, 64.
Total. 975

Pour opérer avec la lumière électrique ou Drummond, à volonté : nos 5. 7, 10. 11. 15. 16, 17, 18 — 21, 24, 26. 29. 30. 31, 32. — 44. 47. 53. 63, 64.
Total. 1750

Prismes en flint en crown.

67. Prisme en flint à 60° sur pied, pour projeter les spectres. 60

68. Modèle plus dispersif, à 2 prismes sur le même pied. 105

69. Prisme en flint à 30° sur pied; il en faut 2, pour l'expérience des prismes croisés de Newton à 55 fr. 110

---

70. Polyprisme composé de 3 matières différentes, usuel. 70

Pour bien montrer le phénomène, on serre modérément le coulant de la colonne afin de pouvoir monter ou descendre le prisme, à volonté et d'un mouvement doux, on voit alors les différents spectres apparaître successivement sur l'écran, on en voit toujours au moins deux à la fois, et l'on juge bien de la différence des déviations et des dispersions.

71. — composé de 4 matières. 75

72. Prisme en crown, à 90° à réflexion totale, sur pied. 60

73. Prisme à angle limite pour montrer l'image transmise ou réfléchie. ou les 2 ensemble, nouveau modèle. 60

74. Prisme solide à angle variable. ou de Boscowich. fait partie du n° 141. 35

75. Prisme en flint. conique. donnant un spectre annulaire. voir n° 190. 35

76. — pyramidal. donnant 4 spectres. en forme de cadre. 35

---

77. Prisme creux. pour le sulfure de carbone. ou des liquides. sur pied. 60

78. — à 2 trous. pour 2 liquides, sur pied. 75

79. — à plusieurs compartiments ou polyprisme. pour les liquides. 75

80. Petit prisme à un trou. nouveau modèle. pour goniomètre Babinet. 15

81. Prisme creux pour liquides. à angle variable. nouveau modèle. par Laurent. 170

---

82. Prismes à vision directe dans des montures en cuivre. de dispersions plus ou moins grandes.

Ils entrent dans le n° 132 et servent pour la projection. de 40 à 80

Nouveaux prismes. à vision directe et non directe. à dispersion ordinaire ou très-grande. d'après M. Thollon.

83. Cuves en glaces. de différentes dimensions. collées à l'arcanson ou à la gomme. de 10 à 50

84. Cuve cubique. une cloison diagonale la partage en 2 prismes creux égaux. 48

Elle sert à montrer la réflexion, la réfraction, la décomposition et la recomposition de la lumière, par les liquides.

85. Cuve rectangulaire, chacune des deux petites faces porte une lentille. Elle sert à la démonstration des lois de la réfraction à travers les surfaces planes ou courbes. 210

Miroirs.

Série de 3 miroirs, en verre argenté, composée d'un plan, d'un convexe et d'un concave.

Le cadre et le pied sont en bois et la suspension en laiton. Un socle en bois noir, un vase et des fleurs artificielles servent à montrer les images réelles dans l'espace que l'on obtient avec les miroirs concaves.

86.	Diamètre des miroirs, 19 centimètres.	170
87.	— 21 —	220
88.	— 24 —	250
89.	— 27 —	350
90.	— 33 —	460

---

91. Miroir en glace, une des moitiés est argentée et l'autre noircie, sur pied. 40

92. Miroir plan, en verre argenté par le procédé Ad. Martin; pouvant s'incliner, sur pied, diam. 105m. 45

93. — plus parfait, surface rigoureusement plane. 75

---

94. — cylindrique et 6 tableaux pour les anamorphoses. 40

95. — conique et 6 tableaux pour les anamorphoses. 35

96. — cylindrique creux pour montrer l'aberration de cylindricité par réflexion ou les caustiques. 25

Lanternes magiques achromatiques pour les cours.

97. Appareil pour projeter des photographies transparentes, modèle usuel perfectionné. 120

Il se fixe sur la lanterne n° 5, au moyen d'une collerette, retenue par 2 forts taquets. J'ai renoncé pour tous les appareils s'adaptant soit aux lanternes, soit aux porte-lumière au système des grands pas de vis, si incommodes dans la pratique.

De plus, cet appareil sert aussi avec la lumière solaire, n°s 1, 2 et 4, sans aucune pièce additionnelle; il suffit d'enlever le gros tube portant 2 des lentilles éclairantes. Reçoit les n°s 100, 101, 103 et 104.

98. Id. avec ne ouverture plus grande, pour permettre de recevoir, en outre, les n°s 102 et 105. 140

99. Manches pour tenir les photographies et les peintures, s'emploient avec les n°s 97 et 98. 4

---

100. Photographies transparentes, noires ou coloriées, représentant des instruments, des machines, des expériences de physique, de chimie, des tableaux, des cartes géographiques, des vues de France et de pays étrangers, des monuments, etc. de 3 à 5

101. Tableaux peints sur verre, transparents, de 3 à 15

102. — et à mouvements. de 6 à 25

103. Collection de 10 tableaux peints sur verre, à mouvements, représentant les principaux phénomènes astronomiques.

1° Système solaire, révolution des planètes avec leurs satellites autour du soleil.

2° Mouvement annuel de la terre, autour du soleil, parallélisme de son axe, cause des saisons.

3° Cause des marées, phases de la lune.

4° Mouvement apparent direct et rétrograde de Vénus et de Mercure, apparence stationnaire.

5° Rondeur de la terre.

6° Révolution excentrique d'une comète autour du soleil, apparence de sa queue à différents points de son orbite.

7° Mouvement diurne de la terre, lever et coucher du soleil, cause du jour et de la nuit.

8° Mouvement annuel de la terre autour du soleil, phases de la lune.

9° Eclipses de soleil. passage de Vénus.

10° Eclipses de lune.

Cette collection est très-intéressante et pour ainsi dire indispensable. 150

104. Disque de Newton, transparent. 30

105. Chromatropes. effets de persistance. de 10 à 20

---

106. Nouvel appareil pour projeter les corps liquides ou placés horizontalement. par Laurent. s'adapte sur la lanterne n° 5. et en fait partie.

Je puis aussi l'adapter sur les lanternes déjà en usage; dans ce cas, j'aurais besoin d'avoir la lanterne.

L'appareil contient un objectif achromatique double. En prenant un deuxième objectif et une lentille plan-convexe n° 107. on obtient un autre grossissement. Il dispense des n°ˢ 97 et 98. et des manches n° 99. Il y a économie dans le prix, plus de facilité et de rapidité dans la manipulation.

107. Objectif achromatique double et lentille plan-convexe de 105m, montés, de rechange. Il y en a de différents grossissements. 45

(Voir la brochure du n° 5.)

108. Cuves circulaires en verre, pour expériences diverses. 15

109. — pour la décomposition de l'eau, des sels. 30

110. Glaces, pour expériences diverses, de 1 à 2 fr. 50

111. Cadran divisé transparent et boussole. Aimant. Electro-aimant, pour montrer l'attraction et la répulsion magnétique : les pôles, la ligne neutre : l'aimantation ; l'action des courants, etc. 45

112. Tore mobile et son support, avec accessoires, pour montrer les mélanges des couleurs, les contrastes, les couleurs complémentaires, etc. 45

Mic oscope de projection.

113. Microscope de projection, perfectionné, disposé pour recevoir une cuve à alun destinée à absorber les rayons colorifiques, avec cuve et couvercle. 150

La nouvelle forme du porte-objet permet de recevoir des objets microscopiques quelconques.

L'appareil se compose de deux parties : la partie éclairante, qui entre dans les bonnettes n° 6 et qui sert pour le phosphoroscope petit modèle n° 153 et la partie objective.

114. Cuve pour la décomposition de l'eau, l'arbre de Saturne, etc. 15

115. — en glaces, à un trou avec couvercle et pinces. 3

116. — à 2 trous. id. 3 fr. 50

117. — à 4 trous. id. 4 fr. 50

118. Collection d'objets microscopiques préparés pour la projection. de 20 à 50

Micromètres sur verre.

119. Système de 2 Nicols, un polariseur et un analyseur, pour projeter des objets placés dans la lumière polarisée, tels que roches minces, transparentes, etc. 35

120. Collection de roches minces, transparentes. 45

121. Dixièmes de mill., 10 mill. en 100 parties. 10

122. Centièmes de mill., 1 mill. en 100 parties. 15

123. Demi-millièmes de mill., un cinquième de mill. en 100 parties. 25

124. Millièmes de mill., un dixième de mill. en 100 parties. 30

BANCS D'OPTIQUE

D'après MM. Jamin et Desains.

125. Banc en fonte de fer de 1 mètre 80 de longueur, raboté et calibré, sur lequel se posent les colonnes nos 127 à 130. 70

126. — de 1 mètre 20 de longueur, suffisant pour toutes les expériences de diffraction et la plupart des autres expériences. 55

Ces deux bancs peuvent être montés avec 4 vis à caler.

Colonnes sur socles ou pieds en fonte de fer.

J'ai disposé plusieurs types de colonnes ; chacun possède des moyens de réglage particuliers. Les colonnes supportent soit des bonnettes, soit des parties d'appareils, soit des instruments. L'intérieur des bonnettes est calibré. Les colonnes sont vissées, elles peuvent se déplacer sur leurs socles et même se visser sur tous les autres socles pour faire des expériences déterminées. On réalise ainsi une économie notable de supports et la manipulation devient plus commode et plus rapide.

Ces supports peuvent servir, à volonté, sur les 2 bancs nos 125 et 126 ou sur des tables ordinaires.

(*Voir n°* 205.)

127. Colonne à rallonge, à la main avec 2 colliers de serrage, sur pied simple. 30

128. — à rallonge, au moyen d'une crémaillère, sur pied simple. 40

129. — à rallonge, à la main avec 2 colliers de serrage, sur un pied simple avec un chariot mobile perpendiculairement à la longueur du banc, au moyen d'une crémaillère ou d'une vis. 60

130. — à rallonge, au moyen d'une crémaillère, sur un pied simple avec le chariot mobile. 70

Il suffit d'avoir quelques-uns de ces supports. On peut acheter ensuite au fur et à mesure des besoins, les pièces nécessaires.

131. *Remarque :* Dans quelques cas, il est utile d'avoir un pied plus long, dans le sens de la longueur du banc, afin d'augmenter la stabilité, cela fait une augmentation de 4

Bonnettes supports, à écrans.

Les intérieurs sont calibrés.

Elles entrent toutes dans les colonnes nos 127 à 130.

Il y a 3 grandeurs de calibres :

132. Bonnettes de 62mm avec un tube fixe. 15

133. — avec un tube tournant gras, à la main, d'un côté de l'écran. 20

134. Même modèle, avec un mouvement de bascule, autour d'un axe horizontal perpendiculaire au banc. 35

---

135. Bonnette avec 2 tubes tournant gras, à la main, indépendamment l'un de l'autre, de chaque côté de l'écran. 30

136. Même modèle, avec mouvement de bascule. 45

---

137. Bonnette avec un tube tournant au moyen d'un pignon. 40

138. — avec un tube tournant au moyen d'une vis tangente. 48

---

139. Bonnette de 91m5 avec tube fixe. 18

140. Bonnette de 107m avec tube fixe. 20

APPAREILS

FONDÉS SUR LA RÉFLEXION ET LA RÉFRACTION DE LA LUMIÈRE, LA DÉCOMPOSITION ET LA RECOMPOSITION ; L'ACHROMATISME ; L'ABSORPTION ; LA PERSISTANCE ; ETC.

Réflexion et réfraction.

141. Appareil complet pour démontrer les lois de la réflexion et de la réfraction de la lumière naturelle et polarisée. 420

142. Fontaine de Colladon pour montrer la réflexion totale de la lumière dans la veine liquide parabolique. 75

143. — avec son piédestal en bois. 110

144. Appareil pour montrer la perte de lumière produite par des glaces parallèles entre elles et plus ou moins écartées. 75

En remplaçant les glaces argentées par des plaques métalliques, on montre la couleur des métaux après plusieurs réflexions.

145. Kaléidoscope de projection pour montrer la loi des réflexions multiples, avec des glaces plus ou moins inclinées entre elles. 110

Dispositifs pour montrer sur les bancs d'optique, n°s 125 et 126 les principes des :

146. Lunette de Galilée. 35

147. Lunettes terrestre et astronomique. 150 à 200

148. Télescopes de Newton, de Grégori, de Cassegrain. 180 à 250

149. Microscope. . 180

---

150. Lunette astronomique de Babinet, avec chercheur, oculaires astronomique et terrestre ; trépied et boîte, diamètre de l'objectif 68m. 320

Spectroscopes.

151. Spectroscope de laboratoire, à un prisme de flint de 60°, avec lunette d'observation, collimateur à fente variable et lunette à micromètre transparent et 2 brûleurs à faible pression. 320

Un bec de gaz éclaire le micromètre et se meut avec lui, accessoires.

152. Modèle perfectionné plus dispersif, à 2 prismes, pouvant servir, à volonté, à 1 ou à 2 prismes. On peut mesurer les raies, soit avec le micromètre, soit à l'aide du plateau divisé. 480

153. Spectroscope de laboratoire, nouveau modèle. L'appareil est toujours au minimum de déviation, à dispersion ordinaire ou très-grande, d'après M. Thollon.

157. Spectroscope à vision directe, grand modèle, avec lunette d'observation, collimateur à fente, lunette à micromètre. 280

158. Petit modèle, sans micromètre, sur pied. . 95

159. Spectroscope de poche. 60

Spectroscopes à vision directe, nouveaux modèles. Les appareils sont toujours au minimum de déviation. La dispersion est ordinaire ou très-grande, d'après M. Thollon.

160. Support, par Laurent, pour contenir les tubes nos 161 et 162, il peut servir aussi avec les spectroscopes en usage. 30

161. Tubes spectro-électriques, de Delachanal et Mermet, permettant de voir les raies des corps en dissolution au moyen de l'étincelle d'une bobine d'induction, il suffit de très-peu de substance, à 2 fr. 25 pièce.

162. Tubes à gaz raréfiés pour l'analyse spectrale : à hydrogène, oxygène, azote, chlore, iode, ammoniaque, cyanogène, acide carbonique, protoxyde d'azote. de 5 à 8

163. Bobine d'induction. 100

164. Pile de 3 éléments au bi-chromate de potasse, avec treuil permettant d'élever plus ou moins les zincs et même de les sortir tout à fait. 100

165. Cuves étroites, en forme de coin pour l'absorption du sang. 9

166. — parallèles, en glaces. de 10 à 15

167. Tubes de verre, fermés par des glaces, pour l'absorption, etc. 14

168. Nécessaire de spectroscopes. Tubes spectro-électriques. Série de chlorures. Cuves. Supports, etc. de 150 à 180

Feuilles quadrillées, pour spectroscopes, par Sallet.

Les divisions horizontales représentent les divisions du micromètre, les divisions verticales représentent les longueurs d'ondes et les principales raies des métaux, etc.

Au moyen d'une courbe que l'on a tracée d'après l'instrument dont on se sert et en repérant des raies bien connues, on arrive à reconnaître, ensuite, un corps, en observant seulement quelques raies et en se reportant à la courbe.

169. Feuille quadrillée sur papier souple. 1 fr. 50
id. collée sur carton. 3 fr. 50

170. Spectres lumineux, en longueurs d'ondes par Lecoq de Boisbaudran. 20

171. Agenda du chimiste. 2 fr. 50

172. Spectre solaire lithographié, sur carton. 15

173. Tableaux des spectres des métaux sur papier. 10

174. Tableaux photographiés et coloriés sur verre, pour la projection, représentant les spectres solaire, des protubérances, des nébuleuses, des métaux, etc. de 10 à 20

175. Spectre solaire sur toile. 90

175 *bis.* Tableau peint sur toile, représentant les spectres des métaux. 150

176. Tableau peint sur toile, représentant le spectre solaire, celui des réseaux (spectre normal) et celui de la flamme d'une bougie. 150

Appareils pour projeter les raies des métaux.

C'est un ensemble d'appareils composé des nos 5, 9, 44 ou 45, 53, 67 ou 68 et 92.

Décomposition de la lumière

AU MOYEN DES PRISMES Nos 67 OU 68, 77, 82, etc.

Recomposition de la lumière.

177. Appareil composé de 7 miroirs pour montrer la recomposition par réflexion. 95

178. Lentille cylindrique, pour montrer la recomposition par réfraction et les couleurs complémentaires, appareil perfectionné. 78

Les appareils étant disposés pour projeter le spectre, on met un diaphragme à fente *a* sur le prisme de flint. La lentille cylindrique est placée entre ce prisme et l'écran de manière à donner une image blanche et nette de la fente *a*, on amène alors l'écran *b* sur le trajet des rayons réfractés, on l'éloigne plus ou moins de la lentille cylindrique de manière qu'il n'intercepte qu'un des rayons, l'image de la fente *a* se trouve alors colorée et de la couleur complémentaire de celle absorbée. En déplaçant latéralement l'écran *b*, on absorbe successivement chaque couleur, et l'image passe ainsi par toutes les couleurs, mais complémentairement.

En rejetant l'écran *b* sur le côté de son support, on découvre un prisme *c* étroit, très-plat et de même largeur. Dans ce cas, le rayon, au lieu d'être absorbé, se trouve rejeté de côté, de sorte que l'on a sur l'écran, 2 images de couleurs toujours complémentaires; la démonstration est plus frappante.

179. Disque de Newton sur carton et support en bois, pour montrer la recomposition de la lumière au moyen de la persistance des impressions lumineuses. 40

Disque transparent, pour projection, n° 104. 30

180. Pince-nez ou lunette, avec 2 verres de couleurs complémentaires. 10

Aberration et achromatisme.

181. Lentille plan-convexe, de 200 mill. de diamètre, à court foyer, avec 2 diaphragmes. 105

Le diaphragme à trous montre l'aberration de sphéricité; le diaphragme annulaire montre l'aberration de réfrangibilité.

182. 1 prisme de flint et 1 de crown disposés sur le même pied. 50

On obtient des déviations avec plus ou moins de couleurs et une déviation sans couleur (achromatisme avec 2 prismes).

183. 2 prismes de flint et 1 de crown, disposés sur le même pied. 75

On obtient des déviations avec plus ou moins de couleurs, des couleurs sans déviation, et déviation sans couleur (achromatisme, avec 3 prismes).

184. Diasporamètre de Rochon, pour l'étude de l'achromatisme. 180

Avec une modification de Jamin, qui consiste à faire tourner les 2 prismes de la même quantité, simultanément, mais en sens inverse, de façon à conserver la même position à l'angle réfringent et variable, du prisme composé.

Absorption.

185. Verres de couleurs, pour montrer l'absorption par les solides, se placent devant le n° 44 ou 45, de 1 à 2

186. Cuves, pour montrer l'absorption par les liquides. 15

187. Cylindre en verre, pour contenir des vapeurs nitreuses et montrer l'absorption par les gaz. 25

188. — pour contenir des vapeurs d'iode. 25

Persistance.

Disque de Newton, transparent, pour montrer la recomposition de la lumière, au moyen de la persistance des impressions lumineuses, voir n° 104. 30

Chromatropes, effets de persistance, n° 105. de 10 à 20

189. Phénakisticope de Plateau, pour la projection. 220

Support à tube tournant, pour analyseurs, sert à montrer des effets de persistance, perfectionné.

Il porte un tube tournant dans lequel entrent les analyseurs tels que : nicol, prisme bi-réfringent dont l'une des images est centrée, prisme bi-réfringent dont les 2 images sont excentrées, etc.

Ce tube roule sur des galets, ce qui permet de le faire assez gros et cependant très-mobile, pour donner aux analyseurs le diamètre nécessaire et suffisant afin de profiter de toute la lumière.

190. Support avec un prisme bi-réfringent centré n° 275, un excentré n° 277 et 1 prisme à vision un peu indirecte, produisant un spectre annulaire. Il entre dans le n° 132. 125

Phosphorescence.

Les expériences se font avec la lumière solaire ou électrique.

191. Tableaux composés de différentes poudres phosphorescentes. de 10 à 30

192. Tubes contenant, soit des poudres, soit des liquides, soit des gaz phosphorescents. de 5 à 60

193. Phosphoroscope Becquerel, pour montrer que tous les corps sont phosphorescents pendant un temps plus ou moins long et qui est excessivement court, pour certains corps.

Il entre dans la partie éclairante du microscope de projection n° 113. 130

194. Grand modèle, séparé, avec bâtis en fonte de fer, il se place devant la lanterne n° 5. 480

Fluorescence.

195. Diaphragme à verre violet, entre dans le n° 6. 12

Je le fais assez grand pour utiliser toute la lumière.

196. Cuves en verre d'urane. de 12 à 25

197. Cuve en glaces, pour contenir des liquides fluorescents. de 15 à 40

198. Cuve pour le bi-chromate de potasse. 15

Expérience avec l'écorce de marronnier.

On prend un grand bocal rempli d'eau, on y jette quelques bourgeons de marronnier et on éclaire le tout au moyen du verre violet n° 195. Au bout de quelques instants, l'esculine se dissout et tombe en filaments bleus, variés et d'un aspect très-joli. Je complète alors l'expérience, en remplaçant le verre violet par une cuve à faces parallèles et contenant une solution de bi-chromate de potasse n° 198, qui a la propriété d'absorber complétement les rayons ultra-violets, violets et bleus (propriété que j'ai déjà utilisée pour obtenir une flamme jaune réellement mono-chromatique dans les saccharimètres n° 323).

Le bocal se trouve alors très-éclairé et cependant l'on ne voit plus du tout les filaments d'esculine.

199. Solution de sulfate de quinine. On l'étend sur du papier blanc, que l'on promène dans toutes les parties du spectre et l'on voit alors l'action des rayons ultra-violets et violets. 2

---

200. Lentilles éclairantes, en quartz au lieu du n° 6. de 60 à 90

201. Lentille de projection, en quartz au lieu du n° 53. de 45 à 80

202. 2 prismes de 60° en quartz, montés sur le même pied. de 140 à 170

203. Prisme creux, dont les côtés sont en quartz. de 50 à 80

204. Cuve, dont les faces parallèles sont en quartz. de 40 à 60

Diffraction et interférences.

205. Banc de diffraction. 700

Pour répéter les expériences : du point noir au centre d'un trou éclairé, du point éclairé au centre d'un disque opaque.

Des franges produites par une fente ou par 2 fentes ; des micas minces déplacent un peu les franges, des glaces les déplacent beaucoup et on ne les voit plus.

Des franges dans l'ombre d'un fil opaque, plus ou moins gros.

Des miroirs de Fresnel, du bi-prisme de Pouillet, des écrans larges et étroits, des 2 trous de Grimaldi, de Babinet, avec les 2 fentes et un réseau, etc.

Le banc et les supports sont ceux des n°s 125, etc., de sorte qu'en faisant l'acquisition du banc de diffraction, on a, par le fait, un banc d'optique et des supports et il suffit d'acheter ensuite et au fur et à mesure des besoins, les pièces nécessaires pour faire les autres expériences que l'on désire. On réalise ainsi une grande économie.

206. Miroirs de Fresnel, séparément, montent sur les nos 127 à 130. 125

207. Oculaire de Fresnel, séparément, monte sur les nos 127 à 130. 125

208. Diaphragme à fente mobile, entre dans les nos 132 à 138. 30

209. — à vis micrométrique. On peut avoir à volonté, une fente parallèle ou en forme de coin, entre dans les nos 132. 55

Disposition de Mascart, pour répéter, sur le spectroscope n° 151, quelques-unes des expériences de diffraction et en outre, des expériences nouvelles sur l'interférence de la lumière polarisée. On a plus de lumière qu'avec le banc ordinaire. On peut aussi adapter cette disposition sur le banc n° 205.

210. Supports, fiches et cristaux, accessoires. 200

211. Bi-prisme Mascart. de 30 à 45

---

212. Appareil de Wrede, pour montrer les interférences produites par les lames minces. 30

Il se compose d'un petit cylindre, avec une ouverture recouverte par une lame mince de mica sur laquelle la lumière se réfléchit. En versant un liquide de même réfringence à moitié, les franges disparaissent à l'endroit mouillé.

213. Réfractomètre Jamin. Les interférences sont produites par des lames très-épaisses, en crown, rigoureusement planes, parallèles et d'égale épaisseur. 650

(*Voir la physique de Jamin.*)

214. Lentille coupée en 2 parties, de Billet donnant des franges par interférences, avec une disposition qui arrête la lumière qui tend à passer entre les 2 demi-lentilles, monte sur le n° 132. 60

215. Compensateur Billet, pour les interférences, monte sur les nos 132. 60

216. — Fizeau, sur trépied, avec mouvements de réglage. de 55 à 70
Il faut 2 appareils.

217. — Jamin, fait partie du réfracteur n° 213.

(*Voir aussi nos* 391 *à* 393.)

Anneaux colorés.

218. Appareil de Newton, sur socle en bois, montrant les anneaux colorés, soit par réflexion, soit par transmission. 35

219. Appareil sur pied, avec un mouvement de rotation, pour montrer à l'œil et en projection, les anneaux colorés par réflexion. 45

220. Miroir concave et diaphragme à petit trou pour montrer les anneaux colorés produits par réflexion dans des lames épaisses. 50

221. Appareil montrant simultanément à l'œil et en projection les anneaux colorés, à centre blanc et à centre noir. 75

On presse un prisme rectangle, dont la surface est légèrement convexe, sur une bi-plaque de flint et de crown, après y avoir interposé une goutte de liquide dont l'indice est intermédiaire entre celui du flint et celui du crown et l'on voit des anneaux à centre blanc dans une moitié du champ et d'autres à centre noir dans l'autre moitié.

Si on remplace la bi-plaque par du spath et si l'indice du liquide est intermédiaire entre les deux indices du spath, on voit successivement les deux systèmes d'anneaux, en regardant avec un Nicol que l'on tourne.

222. Appareil pour montrer les anneaux colorés par réflexion sur les surfaces métalliques. 135

On voit des anneaux à centre blanc ou à centre noir, en faisant varier l'angle d'incidence et l'angle de réflexion.

223. Appareil d'Herschell, montrant les franges produites vers l'angle limite. lorsqu'un prisme est en contact avec une surface polie. 40

Appareil Fizeau pour mesurer la dilatation des corps solides au moyen des anneaux colorés, produits par la lumière jaune.

On agit sur de très-petits échantillons et la précision est néanmoins très-grande.

L'Ecole polytechnique, le Conservatoire des Arts et Métiers, l'Université de Saint-Pétersbourg et la Commission internationale des Poids et Mesures, possèdent chacun un exemplaire de cet appareil.

224. Appareil avec trépied en cuivre rouge, voir n° 404. 1800

225. Un trépied en platine coûterait en plus, de 600 à 800

226. Appareil Fizeau pour la démonstration, voir n° 404. 330

Appareil Desains pour mesurer à l'œil et en projection, les longueurs d'ondes des différents rayons.

La Sorbonne et l'Ecole Normale en possèdent chacune un exemplaire.

Il se compose de :

227. Appareil à anneaux colorés, proprement dit. 120
C'est un appareil séparé et complet qui s'emploie avec le n° 228.

228. Eclaireur à lumière mono-chromatique jaune, s'emploie avec le n° 227. 150

Ce dernier appareil peut aussi servir d'appareil pour comparer des surfaces planes entre elles ou à les vérifier au moyen d'un plan-type n° 408.

Réseaux.

229. Réseau rectiligne sur glace, au 1/50 de mill., monté en cuivre. 18

Il sert sur le banc de diffraction n° 205, avec deux fentes dont l'écartement est grand et variable, pour mesurer les longueurs d'ondes, d'après Babinet.

230. Deux réseaux rectilignes, avec l'un on projette les spectres d'interférences. En ajoutant le 2e réseau et en le tournant, on obtient des bandes d'interférences et des effets très-variés et très-jolis, entre dans les nos 132. 35 à 50

231. Appareil Crova, pour montrer les interférences produites par 2 réseaux. 210

La distance de ces réseaux est variable, on la mesure au moyen d'une vis micrométrique, on peut placer à volonté, une lame de verre entre les réseaux, etc.

232. Réseau circulaire, sur glace, au 1/50 de mill. donnant des spectres annulaires, concentriques. Entre dans les nos 132. de 35 à 50

233. — sur métal, donnant des spectres par réflexion. Entre dans les nos 132. de 35 à 50

234. Réseaux au 1/200 de mill. et au 1/400 de mill., suivant la grandeur et la beauté. de 100 à 200

Appareils de mesure.

235. Goniomètre Babinet pour mesurer les indices de réfraction et les angles des prismes, par réflexion, au moyen d'un collimateur à fente et d'une lunette, voir nos 80, 330, 331. 250

235 *bis*. Grand modèle. 375

236. Goniomètre Wollaston, pour mesurer les angles des cristaux par réflexion, au moyen d'une glace noire et à l'œil. 175

237. — grand modèle. 220

238. — d'application d'Haüy à cercle fixe. 35

239. — à cercle brisé. 50

240. — avec grand demi-cercle divisé, vernier et vis de rappel. 120

241. Sphéromètres, pour mesurer des flèches de courbes, ainsi que des épaisseurs; les objets étant placés horizontalement, modèle très-soigné. De 150 à 200

242. Appareil pour mesurer des épaisseurs de 0 mill. à 10 ou 15 mill. 250

Un mécanisme à leviers amplificateurs très-sensible, indique lorsque les 2 palpeurs touchent l'objet.

243. Cathétomètre, modèle très-soigné de 1000 à 1500

---

244. Machine à diviser les cercles, modèle très-soigné. de 2500 à 4000

245. Machine à diviser la ligne droite, modèle très-soigné. de 1800 à 3000

Propagation de la chaleur dans les cristaux.

246. Appareil Sénarmont, et cristaux. 80

Quartz perpendiculaire, parallèle et oblique à l'axe. Béryl perpendiculaire et parallèle. Wolfram suivant trois directions et Glace.

On chauffe les cristaux, la cire fond et produit différentes courbes suivant la position relative des axes optiques.

247. Appareil Jannettaz perfectionné par Laurent.

Cet appareil est beaucoup plus précis que le précédent. Il évite de tailler les cristaux en plaques minces et de les percer. La méthode Jannettaz peut rendre de grands services surtout pour le cas des cristaux non transparents et que l'on ne peut examiner à l'aide du microscope polarisant n° 303. 160

248. Ellipsomètre, d'après Jannettaz. Cet appareil sert à mesurer l'orientation des courbes elliptiques par rapport à des directions connues sur le cristal, on peut aussi mesurer les diamètres de ces courbes qui ont été obtenues au moyen du n° 247. 270

J'ai fait la première application du prisme bi-réfringent n° 397. L'écartement des 2 images varie avec l'inclinaison du prisme et il peut être nul. Cette propriété a été très-utile dans le cas actuel.

249. Collection de cristaux taillés n° 402. 45

---

250. Boite renfermant les pièces pour les expériences de Boutigny sur l'état sphéroïdal, ou la caléfaction. 165

251. Appareil Tyndall, pour les expériences de chaleur obscure ou calorescence. 70

---

252. Ophthalmoscope du Dr Anagnostakis. 15

253. — du Dr Castorani. 16

254. — du Dr Cusco. 11

255. — du Dr Gillet de Grand-Mont. 16

256. — du Dr Meyer. 20

257. Lactoscope du Dr Donné. 28

258. Loupes, biloupes, triloupes. de 3 à 20

259. Oculaire à micromètre, par Soleil fils, pour mesurer le grossissement des lunettes, des microscopes et des lentilles à court foyer. 35

Il faut, en plus, un micromètre n° 119, pour les faibles grossissements. 10
et le n° 120 pour les forts grossissements. 15

POLARISATION

Double réfraction naturelle.

Rhomb de spath d'Islande, pour montrer la double réfraction naturelle, elle dépend de l'épaisseur : n° 362. de 20 à 150

Prisme bi-réfringent, prisme de spath achromatisé par un prisme de verre, pour montrer la double réfraction : elle dépend de l'angle des prismes, voir n°s 274 à 277. de 12 à 60

Double réfraction artificielle.

260. Presse à comprimer le verre, pour montrer la double réfraction artificielle. 20

261. 2 Verres, de rechange. à 2 fr. 4

262. Presse à courber le verre. 20

On montre que la double réfraction artificielle, dans la partie dilatée est inverse de celle de la partie comprimée, au moyen d'un mica 1/4 d'onde n° 353. 20

263. 2 Bandes de verre de rechange à 2 fr. 4

264. Presse à chauffer le verre montrant la double réfraction artificielle, dans le verre chauffé inégalement. 25

265. 2 Verres de rechange. à 2 fr. 4

266. Presse de Fresnel, pour comprimer des prismes de verre, achromatisés par d'autres prismes libres. La double réfraction est négative. 220

267. Prisme de Guérard, les prismes comprimés de

l'appareil précédent, sont remplacés par des prismes de verre trempé ; la double réfraction est alors positive, entre dans les n°s 132. 55

Jusqu'ici, il n'a été fait que 2 prismes. Soleil père a fait le premier, j'ai fait le second.

268. Appareil à réfraction conique par Laurent, montrant la réfraction conique dans l'aragonite suivant chacun des 2 axes. 100

(Voir la brochure spéciale.)

269. Série de modèles en plâtre, d'après Hamilton, montrant les surfaces des ondes ordinaire et extraordinaire. 15

Polariseurs et analyseurs.

270. Grande glace noire polariseur, entre dans la bonnette n° 6. 55

271. Petite glace noire analyseur, entre dans les bonnettes n°s 132. 25

272. Grande pile de glaces, polariseur, nouveau modèle. 70

Entre dans la bonnette n° 6. On peut la placer sur le côté de la lanterne n° 5. Il suffit alors d'incliner légèrement la lanterne pour avoir le faisceau perpendiculaire à l'écran. Elle peut recevoir tous les diaphragmes n°s 44 à 52.

273. Petite pile de glaces, analyseur, entre dans les n°s 132. 35

---

274. 2 Gros prismes bi-réfringents entrant dans les n°s 132, l'un sert de polariseur et l'autre d'analyseur. à 35 fr. 70

275. 2 Petits prismes bi-réfringents, l'un entre dans les n°s 132 et sert d'analyseur, le second entre dans la monture du premier pour l'expérience d'Huyghens. 32

Dans les nos 274 et 275 l'une des images, l'extraordinaire, est centrée; mais non achromatisée.

276. Prisme analyseur, l'image ordinaire est centrée et achromatisée, entre dans les nos 132. 16

277. Prisme bi-réfringent dont les 2 images sont excentrées, s'emploie pour les expériences de persistance, et entre dans le support no 190. 25

278. Prisme bi-réfringent et prisme de crown que l'on peut tourner pour achromatiser, à volonté, le rayon ordinaire ou le rayon extraordinaire (mais sans les centrer), entre dans les nos 132. 35

---

279. Prisme de Nicol polariseur, de 31m de côté, dans une monture en cuivre, entre dans les nos 132, usuel. 95

280. — analyseur de 22m de côté, dans une monture en cuivre, entre dans les nos 132, usuel. 60

281. Polariseur Jamin. 25

Une lame de spath, dans une monture renfermant du sulfure de carbone.

282. Polariseur Laurent.

Nicol ou prisme bi-réfringent et plaque d'une 1/2 onde, pour déterminer avec une grande précision, la position du plan de polarisation, au moyen de la lumière mono-chromatique.

(Voir la brochure du saccharimètre.)

---

283. Tourmaline parallèle, analyseur, dans une monture entrant dans les nos 132. de 15 à 30

284. Deux tourmalines parallèles. 50

L'une polariseur et fixe, l'autre analyseur et mobile. On

peut placer un mica entre les 2 et faire reparaître la lumière, quand il y a extinction. Expérience des tourmalines croisées. Entre dans les nos 132.

285. Polariseur Delezenne, composé d'une glace noire et d'un prisme à réflexion totale, qui ramène le rayon dans une direction parallèle, entre dans les nos 132. 40

286. Appareil Guérard, composé d'un cône et d'une pyramide quadrangulaire en verre noir servant d'analyseurs, par réflexion, pour montrer la polarisation de la lumière dans tous les plans passant par l'axe ou dans 2 plans perpendiculaires entre eux. 70

287. Appareil Laurent formé d'un cône noir, dans l'intérieur d'un cône creux réfléchissant, servant de polariseur, par réflexion, pour montrer sur l'écran, la polarisation de la lumière dans tous les plans passant par l'axe.
Entre dans le n° 6. 60

ACCESSOIRES

288. Quartz parallèle mince (rouge), monté en cuivre. 15

289. Quartz perpendiculaire épais (rouge), id. 12

L'expérience est plus complète, en employant le support tournant n° 190 et en y mettant soit un nicol, soit un prisme bi-réfringent.

Polariscopes.

290. Polariscope d'Arago, 2 images complémentaires au moyen d'un prisme bi-réfringent et d'un quartz perpendiculaire. 25

291. — de Soleil père, teinte sensible, au moyen de 2 quartz perpendiculaires, juxta-posés (plaque à 2 rotations). 32

292. Polariscope de Bravais, teinte sensible, au moyen de 2 quartz parallèles minces, juxta-posés. 35

293. — de Babinet, avec un verre trempé. 25

294. — de Savart, franges, au moyen de 2 quartz obliques, croisés. 22

295. — de Sénarmont, franges, au moyen de 2 quartz perpendiculaires, de rotation inverse (il y en a 2 systèmes). 35

---

296. Appareil de Norremberg. 150

Pour étudier à l'œil, les principaux phénomènes de polarisation, dans la lumière parallèle et dans la lumière peu convergente.

Le polariseur est une glace non étamée ; l'analyseur peut être un nicol ou un prisme bi-réfringent.

297. Collection des principaux cristaux. environ 120
Les 3 presses n°ˢ 260, 262, 264 ; voir n°ˢ 349 à 351, 353 à 356, 360, 361, 367 à 390.

298. Pince à tourmalines. de 15 à 50

299. Collection de cristaux. de 50 à 75

Spath, quartz, béryl, phénacite, tourmaline perpendiculaire, sphène, mica à un axe, plomb carbonaté, nitre, glaubérite, aragonite, franges de Savart, spirales d'Airy, etc.

300. Loupe dicroscopique. 15

301. Collection de cristaux dichroïques n° 346. de 12 à 20

---

302. Microscope polarisant, petit modèle. 220

D'après des Cloizeaux. Le champ est très-étendu, on voit au delà des 2 axes de la topaze blanche. Il sert aussi pour la lumière parallèle.

Accessoires : n°ˢ 306, 307 et 308.

303. Microscope perfectionné par Laurent, pouvant se mettre vertical et horizontal. 250

Il est sur colonne à rallonge, et peut servir à la projection. On peut placer sur la règle un support avec cuve ou étuve, entre l'éclaireur et l'objectif, après en avoir ôté les petits verres. Il y a un cadran divisé, l'alidade porte une pince pour les cristaux. On peut y placer dans un espace ménagé au centre :

1° Une cuve en glaces à faces parallèles, on y met de l'huile et les cristaux plongent dedans.

2° Une étuve en cuivre rouge pour mesurer l'écartement des axes à différentes températures, etc.

On place 2 lampes à l'alcool, sous l'étuve. 2 thermomètres indiquent la température ; ils sont coudés, afin de donner la température, tout près du cristal et sans gêner. La nouvelle forme de l'étuve permet de pousser plus loin la température.

Si l'on interpose entre l'objectif et l'oculaire, la cuve à huile ou l'étuve, le champ se trouvera diminué.

J'avais remarqué qu'en enlevant le petit verre à l'objectif ainsi qu'à l'éclaireur, on obtenait, pour le même champ, un plus grand espace entre ces 2 pièces, 16 mill. environ, j'ai alors profité de cela pour faire des cuves et des étuves, beaucoup plus épaisses qu'on ne les faisait, ce qui procure une plus grande commodité pour la mesure des axes. On sait qu'ordinairement on est très gêné dans ce cas. On enlève la pile de glaces et l'on polarise avec un nicol.

Ces dispositions sont nouvelles et le premier appareil que j'ai ainsi construit a été livré le 14 novembre 1873. Avec un semblable, j'ai projeté à la Sorbonne, au Cours public de Minéralogie le changement des axes dans le gypse chauffé, dans une monture spéciale aussi, le 30 janvier 1874.

C'était la première fois que cela se faisait en projection en public.

304. Microscope complet, avec pile de glaces, Nicol polariseur, support pour cuve et étuve, cuve en verre, étuve en cuivre rouge, 2 thermomètres, 2 lampes à alcool ; modèle spécial pour l'observation et la mesure. 500

305. Facultatif : Addition d'une petite lunette que l'on place sur l'alidade et d'un collimateur que l'on fixe, à volonté, sous le cadran, pour servir de goniomètre de Babinet. 65

306. Collection de cristaux à 1 et à 2 axes, nos 342, 344 et 347. de 70 à 120

307. — de cristaux chauffés, n° 343. de 25 à 35

308. Mica 1/4 d'onde pour reconnaître le signe des cristaux à 1 axe, et quartz parallèle mince, pour le signe des cristaux à 2 axes. On peut employer aussi un quartz perpendiculaire quelconque que l'on incline. 12

309. Collection de cristaux nus, pour être examinés dans la cuve à huile et l'étuve.

Plomb carbonaté, aragonite, baryte, feldspath, gypse, topaze. de 20 à 30

---

310. Microscope polarisant de projection par Laurent, modèle spécial pour la démonstration dans les Cours de minéralogie. 420

L'appareil précédent est surtout un appareil d'observation, mais il peut servir pour la Projection. Celui-ci est surtout disposé pour la Projection, mais il peut aussi servir pour l'observation. Il est préférable d'avoir deux sortes d'appareils, l'un spécialement pour l'observation, l'autre spécialement pour la projection, d'autant plus que ce dernier peut, en outre, servir d'appareil général pour projeter tous les phénomènes de polarisation, en achetant, plus tard, tous les accessoires, voir n° 316.

Pour l'observation, il est nécessaire d'avoir le plus grand champ possible, mais pour la projection, il est largement suffisant de projeter le gypse, on peut alors le faire en employant un Nicol comme polariseur, on a ainsi une polarisation complète et quand on projette les cristaux à 1 ou à 2 axes rapprochés, les images sont encore assez grandes pour être bien vues, on peut aussi montrer suffisamment les différentes dispersions. La règle porte 4 supports mobiles, dont l'intérieur est calibré comme celui des bonnettes N° 132.

Il y a prisme bi-réfringent, diaphragme et quartz rouge.

pour la double réfraction, les couleurs complémentaires et le dichroïsme.

Le Muséum possède un de ces appareils et la Sorbonne deux.

311. Collection de cristaux, à 1 et à 2 axes, disposés spécialement pour la projection. de 50 à 80

Ils sont collés sur une bande de verre et orientés de la façon convenable pour opérer vite et sûrement : spath ; tourmaline ; quartz mince ; quartz épais ; phénacite ; mica à 1 axe ; quartz pour spirales ; améthiste ; plomb carbonaté ; nitrate de potasse ; aragonite ; baryte sulfatée ; borax ; feldspath ; mica à 2 axes ; platino-cyanure de baryum ; formiate de cuivre.

312. — — chauffés, dans des montures en cuivre, différentes de celles n° 307. de 25 à 35

313. Grand mica quart d'onde et grande lame de quartz parallèle à l'axe, pour reconnaître le signe des cristaux. 15

314. Collection de cristaux dichroïques n° 346, pour la projection. de 12 à 20

315. — de cristaux, pour la lumière parallèle. de 60 à 90

---

316. Appareil pour projeter tous les phénomènes de polarisation, par Laurent. 600

(*Voir la brochure spéciale.*)

Polarisation rectiligne, circulaire, elliptique, chromatique, rotatoire. Cristaux à 1 et à 2 axes, chauffés, comprimés, courbés. Double réfraction. Couleurs complémentaires. Bandes d'interférences, etc.

Il se compose de l'appareil n° 310, auquel on ajoute les objets suivants : polariseur Delezenne, diaphragmes à trous variables, à fente variable ; verre rouge, quartz parallèles mince, épais ; quartz perpendiculaire épais ; micas 1/4 d'onde, lentilles de projections, lentilles de champ, pile de glaces et glace noire ; prismes bi-réfringents, prisme à vision directe.

Accessoires : n°s 311, 312 à 315, 317, 318.

317. Cuve à acide phénique et support, monté sur le n° 316. 20

Expériences de M. Mascart et de M. de Luynes : on plonge dedans une ou plusieurs larmes bataviques (verre excessivement trempé) et on l'interpose entre le polariseur et l'analyseur, on obtient alors, soit à l'œil, soit en projection, les brillantes couleurs produites par la trempe. On peut aussi plonger dans la cuve des blocs de verre de forme quelconque. Si leur indice de réfraction se rapproche de celui du liquide, on aperçoit à l'œil si le bloc est plus ou moins trempé, s'il y a des fils, des points, etc., et cela très-facilement.

318. Spath, taillé suivant trois directions : perpendiculaire, parallèle et oblique à l'axe, pour l'expérience de M. Desains, sur la double réfraction, avec diaphragme annulaire, support pour le spath et lentille de projection, monté sur le n° 316. de 100 à 200

---

319. Parallélipipèdes de Fresnel. de 50 à 70

320. Prisme de Fresnel, pour montrer la double réfraction circulaire du quartz, suivant l'axe. de 45 à 60

Entre dans les n°s 132.

321. Avec 2 prismes pareils, on double l'écartement des 2 images. En tournant le 2e prisme de 180°, on obtient les franges de Bourbouze. de 90 à 120

---

322. Appareil Jamin, pour étudier les lois de la réflexion et de la réfraction de la lumière polarisée dans les substances cristallisées, les liquides, etc. 900

POLARIMETRIE ET SACCHARIMETRIE

Saccharimètre Soleil

Cet appareil a remplacé celui de Biot, comme étant plus précis, et il est à son tour remplacé par le Saccharimètre-Laurent. Il n'y a plus aucune raison de le construire aujourd'hui.

Saccharimètre Laurent, à pénombres.

Cet appareil a été adopté par l'Administration des Douanes et celle des Contributions Indirectes, pour l'application de la loi sur le régime des sucres, après des essais comparatifs faits avec les autres systèmes de saccharimètres, et il est toujours en usage dans les bureaux de l'administration.

(*Voir la brochure spéciale.*)

323. Saccharimètre à une division, modèle du gouvernement, sur planche en chêne, avec brûleur et 3 tubes de 20 cent. nouveau modèle. 310

324. Saccharimètre et polarimètre à 2 divisions, modèle de laboratoire, sur planche, avec brûleur et 3 tubes de 20 cent. nouveau modèle. 330

325. Facultatif : Coffre en chêne pour couvrir les nos 323 et 324. 25

326. Saccharimètre et polarimètre, sur règle en bronze, permettant de se servir de tubes allant jusqu'à 50 centimètres, avec cadran divisé entièrement, brûleur sur pied séparé et tubes de 20, 30, 40 et 50 centimètres, garnis de verre intérieurement. 500

327. Disposition nouvelle, composée de 2 parties : la partie de l'analyseur à cadran et la partie du polariseur avec le brûleur, tubes. 480

Ces 2 parties sont montées sur des supports en fonte de fer qui se posent et glissent sur un banc de fer, le banc est du calibre du banc d'optique N° 125, de sorte que si l'on possède ce banc il suffit de se procurer ces 2 supports (et les tubes), ils monteront dessus.

328. Tube à inversion et thermomètre. 36

Traité théorique et pratique de la fabrication du sucre, par Maumené.

Tome 1er. 25

Tome 2e. 30

CRISTAUX TAILLÉS

Ces cristaux sont nus ou montés en liége, ils se livrent séparément, comme accessoires des instruments précédents.

Quant aux cristaux qui font partie intégrante de ces instruments, on peut néanmoins se les procurer à part, de la forme et des dimensions que l'on désire.

Tous ces objets sont exécutés dans l'Établissement, il y a un atelier spécial d'opticiens et un autre de mécaniciens.

Les prix sont variables, ils dépendent de la grandeur de l'échantillon, de sa beauté, de sa rareté et de sa taille.

329. Prismes de crown et de flint, de tous les angles et de toutes les dimensions. de 10 à 80

330. Petits prismes, pour goniomètre Babinet, n° 235. de 8 à 15

331. Petits prismes creux. — — — de 10 à 20

332. Collection de 20 petits prismes plats, dont les angles varient de degré en degré. 50

333. Collection de 3 prismes en quartz à 60°, taillés suivant 3 directions; dans le 1er, l'axe est parallèle aux arêtes; dans le 2e, il est parallèle à un côté, et dans le 3e, il est perpendiculaire à ce côté. de 80 à 120

334. — — en spath d'Islande. de 100 à 130

335. Polyprisme en quartz. de 80 à 120

336. — en spath. de 100 à 130

Prismes creux, à côtés de quartz, n° 203. de 50 à 80

337. Cuves en glaces, de toutes dimensions. de 10 à 50
Cuves en verre d'urane n° 196. de 12 à 25
Cuves à côtés de quartz, n° 204. de 40 à 60

338. Lentilles et objectifs achromatiques de tous diamètres et de tous foyers. Lentilles de quartz n°s 200 et 201. de 45 à 90

339. Plaques, cubes, lentilles et prismes en spath fluor. de 12 à 50

340. — — — en sel gemme. de 3 à 30

341. — — — en alun. de 3 à 25

---

342. Cristaux à 1 et à 2 axes, taillés perpendiculairement à 1 axe ou à la ligne moyenne ; montés en liége et montrant, le mieux, les principaux phénomènes, dans la lumière convergente. de 3 à 6

Spath ; Tourmaline ; Béryl ; Quartz perpendiculaire mince, épais, anormal ; Améthiste ; Phénacite ; Apophyllite ; Mica à 1 et à 2 axes ; Nitre ; Plomb carbonaté ; Aragonite ; Borax ; Feldspath ; Gypse ; Baryte sulfatée ; Diopside ; Sels de Seignette ; Topaze, etc.

343. Cristaux chauffés, lumière convergente ; ils sont fixés dans des montures spéciales en cuivre rouge. de 5 à 8

Gypse ; Feldspath ; Syngénite ; Kaluzsite ; Glaubérite.

344. — montrant le mieux les différentes dispersions (lumière convergente). de 3 à 6

Dispersion croisée : Borax. Dispersion inclinée : Platino-cyanure de baryum. Formiate de cuivre. Dispersion horizontale : Feldspath.

345. — à pouvoir rotatoire (lumière parallèle). de 3 à 6

Quartz; Sucre; Cinabre; Hyposulfate de plomb, de Potasse, de Strontiane; Sulfate de Strychnine; Chlorate de Soude; Périodate de Soude.

346. — montrant le dichroïsme (lumière parallèle). de 3 à 6

Pennine; Tourmaline; Cordiérite; Epidote; Acétate de cuivre, Oxalate de chrôme et de potasse, etc.

347. — à axes de diverses couleurs, croisés (lumière convergente). de 3 à 6
Ils s'emploient avec des verres de couleurs. On les obtient par le mélange de 2 sels de seignette: tartrates de soude, de potasse, d'ammoniaque. Brookite, glaubérite.

348. 2 Disques ou plans, en laiton. Emeris, tripoli, rouge d'Angleterre, pour tailler les cristaux, à l'usage des minéralogistes. 50

349. Spath hémitrope, naturel. de 4 à 6

350. — — artificiel. 22

351. Appareil de Müller, pour les anneaux colorés du spath. 35

352. Spath, d'après M. Bertrand, montrant les anneaux ronds ou ovales, avec croix noire ou croix blanche, avec dispersion ou sans dispersion. de 8 à 15

Le premier prisme de ce genre a été taillé dans l'établissement sur les données de M. Bertrand.

---

353. Micas d'un 1/4 d'onde. de 4 à 8

354. — d'une 1/2 onde. de 4 à 8

355. — d'une onde. de 4 à 8

356. — d'une onde et demie. de 4 à 8

---

357. Verres pour être comprimés. 2

358. — ployés. 2

359. — chauffés. 2

(Voir Nos 260, 262, 264.)

360. Verres trempés de diverses formes, montés en liége. de 4 à 5

361. Dessins en sélénites ou gypses minces d'épaisseurs différentes, représentant des teintes plates, étoiles, damiers, fleurs, papillons, etc. de 4 à 50

---

362. Rhomb de spath d'Islande, poli.

Montre la double réfraction naturelle. On a taillé 2 faces perpendiculaires à l'axe optique, pour faire voir que la double réfraction est nulle suivant l'axe, d'après la grosseur et la pureté. de 20 à 150

363. Rhomb taillé suivant 3 directions : perpendiculaire, parallèle et oblique à l'axe. Sert pour les expériences de Desains, no 318. de 80 à 170

---

364. Canons de quartz bruts ou avec 2 faces taillées perpendiculairement à l'axe. de 10 à 50

365. 2 Canons de rotation inverse avec plagiède indiquant le sens de la rotation. de 20 à 60

366. Quartz taillés suivant trois directions, perpendiculaire, parallèle et oblique à l'axe. de 20 à 50

367. Quartz perpendiculaire, mince, montre un commencement de croix. Avec le mica 1/4 d'onde, no 353, on montre que le quartz est positif (lumière convergente). de 4 à 5

368. Quartz épais (rouge). Sert pour les couleurs complémentaires (lumière parallèle) et pour déterminer le signe des cristaux à 2 axes (lumière convergente). de 4 à 5

369. 2 Quartz perpendiculaires (jaunes) et de rotation inverse, pour les spirales d'Airy (lumière convergente). de 8 à 10

370. 4 Quartz perpendiculaires ; orangé, bleu, vert, violet. de 16 à 20

Donnent des teintes plates dans la lumière parallèle et des anneaux dans la lumière convergente.

371. Quartz parallèle mince (rouge) pour les couleurs complémentaires. 9

372. 5 Quartz parallèles minces : jaune, orangé, violet, bleu, vert. à 9 fr. 45

373. Quartz parallèle épais, pour dépolariser la lumière (lumière parallèle). 7

374. Quartz à 2 rotations artificielles, sans franges, plaque à 2 rotations, de Soleil père. de 10 à 20

375. — — naturelles, sans franges, excessivement rare.

376. — — artificielles, avec franges. de 10 à 20

377. — — naturelles, avec franges. de 6 à 15

378. Quartz perpendiculaire anormal et améthiste, montrent des anneaux, la croix, des spirales (lumière convergente). de 5 à 10

379. Quartz parallèle mince donnant la teinte sensible (lumière parallèle). 10

380. Quartz de Bravais, parallèle, mince, donnant la teinte sensible (lumière parallèle). 12

381. Quartz de Biot, parallèle, mince et taillé en sphère concave, donnant des anneaux colorés (lumière parallèle). 10

382. 2 Quartz de Babinet, parallèles minces, et taillés en prismes, ils donnent des franges en les superposant (lumière parallèle). 20

383. Quartz parallèle, mince, taillé en prisme de manière à donner les 7 couleurs, dans sa longueur, monté en cuivre, se place sur le porte-objet dans les microscopes d'observation à polarisation. 30

384. Gypse parallèle taillé en prisme, donne des franges. 5

385. 2 Quartz parallèles à l'axe et croisés montrant des hyperboles fixes (lumière convergente). de 8 à 12

386. 2 Gypses parallèles. — — de 8 à 12

387. 2 Spaths parallèles. — — de 8 à 12

388. 2 Quartz mobiles, pour les hyperboles mobiles, montés en cuivre (lumière convergente). 35

389. 2 Quartz obliques à l'axe et croisés, montrant les franges de Savart (lumière convergente). de 8 à 12

390. Prisme de Sénarmont, composé de 2 systèmes de prismes de quartz, perpendiculaires à l'axe et de rotation inverse, donnant 2 systèmes de franges (lumière parallèle). de 10 à 15

---

391. Compensateur Soleil père, donnant des épaisseurs variables de quartz perpendiculaire à l'axe, soit droit, soit gauche, de 0 mill. à 10 mil. de 30 à 90

392. Compensateur Soleil fils, donnant des épaisseurs variables de quartz mince parallèle à l'axe ou des teintes plates. de 35 à 90

393. — Babinet modifié par Jamin, en quartz parallèle à l'axe, donne des franges. de 30 à 90

Ils font généralement partie d'un appareil, mais ils peuvent être livrés séparément dans des montures en cuivre particulières.

---

394. Prismes de Nicol ; de Foucault ; de Prazmowski, de toutes les dimensions. de 10 à 500

Le Nicol est le plus employé. Le Foucault est moins long, il exige moins de spath, mais il a moins de champ.

Le Prazmowski a plus de champ que le Nicol, de plus, ses 2 faces sont perpendiculaires au rayon, mais il exige plus de spath, il est plus difficile à faire et son collage exige un certain temps.

395. Larges tourmalines, parallèles à l'axe, carrées, rares. de 150 à 200

396. Prismes bi-réfringents, en spath et verre, à image centrée ou images excentrées. de 10 à 60

Voir nos 274 à 278.

397. Prisme en spath de Soleil fils, à dédoublement variable. de 12 à 40

Voir n° 248.

398. — de Sénarmont. de 15 à 50

399. Prismes bi-réfringents en quartz ; de Rochon, de Wollaston. de 35 à 60

400. Prismes en quartz, donnant plusieurs images, de Billet, de Croullebois. de 40 à 80
Prisme de Billet, en topaze. de 35 à 60

401. Cubes en quartz, à plusieurs images, de Soleil fils. de 25 à 45

---

402. Cristaux taillés pour l'appareil Sénarmont, n°246.

403. — — l'appareil Jannettaz, n° 247. de 4 à 5

404. — — suivant plusieurs directions, pour l'appareil Fizeau : Quartz, Béryl, Spath, etc. Les surfaces sont très-soignées ; chacun de 20 à 50

Voir n°s 224 *et* 226.

---

405. Collection de poids en quartz.

---

406. Glaces rigoureusement planes. de 20 à 150

407. — planes et parallèles. de 25 à 300

408. Plans types pour comparer les surfaces au moyen des anneaux colorés. de 70 à 200

Voir n° 228.

409. Argenture des surfaces par le procédé A. Martin. de 5 à 30

FIN

Paris. — Typographie N. Blanpain, 7, rue Jeanne.

www.ingramcontent.com/pod-product-compliance
Ingram Content Group UK Ltd.
Pitfield, Milton Keynes, MK11 3LW, UK
UKHW021133230726
13926UKWH00002B/773